MARGRET KOERS

FLORISTIK – KLEIN, ABER *oho!*

frechverlag

Weihnachtliche Schale

Abbildung Seite 1

Material:

- *Glasschale*
- *3 Schachtelhalme*
- *Große Deko-Weihnachtssternblüte mit Blättern*
- *1 Bund Deko-Früchte*
- *Trockenblümchen und Plumosus*
- *Je 75 cm grüne und rote Kordel*

Und so dekorieren Sie die Schale:

Flechten Sie aus den Schachtelhalmen einen Zopf, den Sie mit dünnem Blumendraht abbinden und zum Ring schließen können.
Die Kordel wird ebenfalls mit Draht zusammengehalten, die Enden werden verknotet.
Alle Materialien in angegebener Reihenfolge mit der Klebepistole aufkleben.
Legen Sie das fertige Teil dekorativ in eine passende Schale.

Fotos: frechverlag GmbH + Co. Druck KG, 70499 Stuttgart; Fotoatelier Pobandt, Haselünne

Auflage: 5. 4. 3. | Letzte Zahlen
Jahr: 2000 | maßgebend

frechverlag GmbH + Co. Druck KG, 70499 Stuttgart

ISBN 3-7724-2136-9 · Best.-Nr. 2136

Druck: frechverlag GmbH + Co. Druck KG, 70499 Stuttgart

Kleine floristische Geschenke machen immer Freude: als Zugabe zum „großen" Geschenk, als Mitbringsel zum Kaffeeklatsch oder Krankenbesuch, als Dankeschön für die nette Nachbarin ...

Auch für Ihr Zuhause ist sicher etwas dabei. Wie wäre es mit einem Frühlingsgebinde für die Fensterbank, einem Tischband in leuchtenden Sommerfarben, Raumschmuck-Variationen oder einer weihnachtlich dekorierten Schale?

Selbst Ungeübte zaubern in kurzer Zeit die schönsten Dinge – es macht Spaß, wenn alles so gut gelingt.

Viele schöne Stunden mit einem zauberhaften Hobby wünscht Ihnen

Ihre

Margret Kaers

SCHLEIFEN BINDEN

Für die „Fliege“ benötigen Sie 35 cm, 30 cm und 10 cm Schleifenband. Der „Schmetterling“ besteht aus einem 50 cm langen Band. Alles wird mit Draht gehalten (Abb. oben).

Für die dekorative Schleife habe ich ein 80 cm langes Band genommen.
Kleine, farblich passende Deko-Materialien (auch Reste) sind schnell mit Heißleim aufgeklebt (Abb. links).

OVAL, RUND, GEBÜNDELT ...

Ginster, Reisig, Schachtelhalm (geflochten) und Zimtstangen eignen sich gut als Grundlage für ein floristisches Arrangement.

Benutzen Sie zum Binden dünnen Blumendraht oder als Schmuckelement Golddraht. Zum Befestigen der Dekorationen verwendet man am besten eine Heißklebepistole.

Stäbe können gekreuzt dekoriert oder mit Schleifenband und Draht bewickelt werden.

Wenige Dekorationsteile genügen, um aus den Stäben kleine Schmuckstücke zu machen. Verwenden Sie am besten Materialien, die Ton in Ton gehalten sind (z. B. rotes Schleifenband und roter Schmuckstein).

Frühlingsgruß

Material:

- Ginsterzweige
- 2 Seidenblüten
- Je 1 Bund Deko-Früchte und Deko-Blätter
- Ca. 35 cm Amaranthus, eingefärbt
- Je 25 cm Schleifenband in zwei Farben
- Je 1 m schmales Band in zwei Farben (inkl. Aufhänger)

Und so binden Sie den Frühlingsgruß:

Winden Sie ein Bündel Ginsterzweige leicht umeinander, und binden Sie es oben mit Draht ab (siehe Seite 5). Amaranthus wird um das Oval geschlungen und mit Heißkleber befestigt.
Für die doppelte Schleife legen Sie beide Bänder übereinander und fertigen aus diesen mit Draht eine „Fliege" (siehe Seite 4). Früchte, Blüten, Blätter und viele schmale, mit Draht gebündelte Bändchen werden ebenfalls festgeklebt.

Kränzchen für das Windlicht

Material:

- Etwas Reisig oder Baumklimmer
- Golddraht
- 1 Bund Papierröschen
- 1 Bund Deko-Früchte
- 1 Deko-Vogel
- Etwas Efeu und Fruchtstände

Und so binden Sie das Kränzchen:

Reisig bzw. Baumklimmer wird zum Ring gebogen, mit Golddraht gehalten und bewikkelt. Legen Sie alle Materialien probeweise auf, bevor Sie sie festkleben. Efeu und Fruchtstände werden lose festgesteckt und können so bei Bedarf erneuert werden.

Schalen dekorieren

Schalen aus ganz unterschiedlichen Materialien wie Keramik, Metall oder Glas lassen sich dekorativ gestalten und werden so zum Blickfang in Ihrer Wohnung.

Auch wenn Sie eine Schale verschenken möchten, macht ein kleiner Aufleger mehr daraus.

Sternschale

Material:

- *Sternschale*
- *Plattenmoos*
- *Deko-Engel*
- *Golddraht*
- *Zimtstange*
- *Getrocknete Früchte*
- *Getrocknete Rosenköpfe*

Und so dekorieren Sie die Sternschale:

Die Sternschale wird mit in Form geschnittenem Plattenmoos ausgefüllt. Nehmen Sie dazu eine alte Schere. Ein Deko-Engel, Golddraht, Zimtstange, echte Früchte und einige Rosenköpfe wurden ganz flach festgeklebt.

Potpourri „im Rahmen“

Material:

- Einige Gräser
- Echter Eukalyptuszweig
- Echte oder Deko-Hagebutten
- Seidenblüte

So bekommt Potpourri in einer kleinen Metallschale den richtigen Rahmen:

Binden Sie die Gräser zu einem der Schale entsprechend großen Ring; die Enden lassen Sie überstehen. Dann werden Eukalyptus, Hagebutten und Blüte mit der Klebepistole befestigt. Vielleicht legen Sie eine Frucht und eine Blüte daneben?

Terrakotta-Schale

Material:

- Echter, blühender Ginster
- Zweig mit Papierblüten und -blättern
- Eingefärbte Blätter
- 75 cm Schleifenband
- Golddraht
- Eventuell etwas Moos

Und so wird die Terrakotta-Schale dekoriert:

Mit Golddraht gebündelte Ginsterzweige dienen als Grundlage. Nachdem Sie alles aufgeklebt haben, wird noch einmal Golddraht darüber gelegt (reichlich Draht zusammendrücken und in die gewünschte Form ziehen). Auf die Terrakotta-Schale können Sie zusätzlich Moos legen.

HÄNGENDER RAUMSCHMUCK

Vor dem Fenster oder der Tür, in einer Ecke, in der Blumen nicht gedeihen wollen, oder im Treppenhaus wirkt hängender Raumschmuck besonders dekorativ.
Auf den nächsten Seiten stelle ich Ihnen einige floristische Arrangements vor, die garantiert zum Blickfang werden.

Dekorierte Tüte

Die Tüte fällt durch ihre schönen Farben und die golddurchsetzte Prägung auf.

Material:

- *Deko-Tüte*
- *Schleifenband (Länge nach Bedarf)*
- *Moos*
- *Getrocknete Orangenscheibe*
- *Eukalyptuszweig*
- *1–2 Deko-Blüten mit Blättern*
- *Deko-Frucht*
- *Deko-Schmetterling*

Und so wird die Tüte dekoriert:

Kleben Sie zunächst das Band zum Aufhängen fest. Dann folgen Moos, Orangenscheibe, Eukalyptuszweig, Blüte(n), Frucht und Schmetterling.

Trauben zur Herbstzeit

Material:

- Baumrinde
- Deko-Trauben mit Blättern
- Einige Seidenblüten und -blätter
- Trockenblümchen
- 20 cm Goldkordel
- Band zum Aufhängen (Länge nach Bedarf)

Und so werden die Trauben dekoriert:

Schlingen Sie das Band um die Baumrinde, und verknoten Sie es fest. Die Trauben werden direkt unter die Rinde geklebt, alle übrigen Materialien obenauf verteilt.

Für Eulen-Fans

Material:

- *Deko-Zweig mit Blättern und Früchten*
- *Ein Stückchen echte Baumrinde*
- *Einige Eicheln*
- *Kleine Eule*
- *Trockenblümchen*
- *50 cm Schleifenband*

Und so wird das Eulen-Kränzchen dekoriert:

Das Reisigkränzchen von Seite 5 können Sie fertig kaufen oder selbst herstellen, indem Sie die Zweige umeinanderschlingen. Die Bindestelle mit den angegebenen Deko-Teilen bekleben. Die Schleife arbeiten wie auf Seite 4 beschrieben. Eule nicht vergessen!

FLORISTIK AUF BLÄTTERN

Kleine Tischgebinde habe ich auf Blättern in verschiedenen Größen und Formen arrangiert. Auch hier ist eine Klebepistole unentbehrlich.

Besonders dekorativ wirken schlicht verpackte Geschenke, wenn Sie ein Gebinde auflegen.

Osterlandschaft

Material:

- *2 Blätter*
- *Plattenmoos*
- *Seidenblüten*
- *Echter Ginster*
- *Deko-Früchte mit Blättern*
- *2 Deko-Häschen*
- *2 Kordeln à 60 cm*
- *Evtl. Seidenefeu*

Und so wird die Osterlandschaft gestaltet:

Hier verteilt sich eine kleine Osterlandschaft auf zwei Blättern. Die Stiele werden versteckt und geben zusätzlich Halt.

Plattenmoos, Seidenblüten und echter, blühender Ginster, Deko-Früchte und kleine Häschen, eine doppelte Kordel und eventuell ein Zweig Seidenefeu werden nacheinander aufgeklebt.

Seerosenblatt

Material:

- Seerosenblatt
- Echter Ginsterzweig
- Deko-Blüten mit Blättern
- Deko-Frucht
- 3 Zimtstangen
- Etwas Dschungelmoos, Kupferhaar und Edelweißflechte
- Plumosus

Und so dekorieren Sie das Seerosenblatt:

Ein rundes Seerosenblatt erhält ein Kränzchen aus einem echten Ginsterzweig.
Kleben Sie außerdem Blüten und Blätter, eine dekorative Frucht und Zimtstangen auf. Dschungelmoos, Kupferhaar, Edelweißflechte und Plumosus passen gut zu Lachstönen.

Gebinde zur V

Material:

- Langes Blatt
- Echte Edeltanne (Nobilis)
- 2 Seidenblüten
- 3 Deko-Kugeln
- Echte, goldfarben angesprühte Fruchtstände
- 50 cm Schleifenband

Tischschmuck mit Lilien

Material:

- *Langes Blatt*
- *2 farbige Bambusstäbe*
- *Blüte, Knospen und Blätter aus Papier*
- *Echter, blühender Ginster*
- *85 cm und 1 m Schleifenband in zwei Sorten*
- *1,25 m Kordel*

Und so binden Sie den Tischschmuck:

Binden Sie die Bambusstäbe kreuzweise mit Draht fest, und kleben Sie diese auf das Blatt. Blüten und Blätter können Sie ebenfalls aufkleben oder alles mit Draht binden.
Die üppigen Schleifen und eine doppelt geknotete Kordel machen aus dem Gebinde einen festlichen Tischschmuck.

ihnachtszeit

Und so wird das Gebinde dekoriert:

Das lange, schmale Blatt eignet sich besonders als weihnachtlicher Schmuck für die Fensterbank. Die Edeltanne bleibt lange schön und nadelt nicht.
Alle Materialien werden nacheinander aufgeklebt.

KLEINE STRÄUSSE BINDEN

Sträuße können flach oder kugelig gebunden werden, sie können ranken, nostalgisch oder modern wirken.

Benötigt werden – neben harmonisch aufeinander abgestimmten Materialien – dünner Bindedraht und Floristenband (grün oder braun) zum Umwickeln der Stiele.

Kleiner Strauß in Blau

Material:

- *Fester Blätterzweig*
- *Flechtband*
- *2 Deko-Trauben*
- *2 lange Zimtstangen*
- *2 Seidenblüten*
- *2 getrocknete Apfelscheiben*
- *Evtl. Ypsilonfarn, goldbesprüht*

Und so binden Sie den Strauß:

Ein Zweig fester, beschichteter Blätter bildet, mit einem geflochtenen Band versehen, den Untergrund.

Zwei Deko-Trauben, zwei lange Zimtstangen, Seidenblüten und Apfelscheiben werden aufgeklebt.
Wenn Sie mögen, können Sie goldbesprühten Ypsilon-Farn darüber legen und leicht feststecken.

Optimal für kleine Sträuße sind Kugelvasen, die Sie in vielen Farbtönen kaufen können. Ein Hauch Goldspray, z. B. auf den Rand der Vase gegeben, veredelt das Arrangement zusätzlich.

Vase und Floristik – Ton in Ton

Material:

- 3 Schachtelhalme à 25 cm
- 2 Seidenblüten mit Blättern
- Seidenhopfenzweig
- Dekoratives Grün
- 75 cm Kordel
- 85 cm Schleifenband

Und so wird die Vase dekoriert:

Auch zur Vase fand ich die passenden Materialien. Die auf eine gleichmäßige Länge gekürzten Stiele werden mit Draht zusammengehalten.
Um das Bündel herum werden nun Blüten, Hopfen, Grün und Schleifenband angeordnet und mit Draht gebunden. Die doppelte Kordel wurde mehrfach geknotet.

Spiegel-Dekoration

Material:

- *Langer Zweig mit Blüten und Blättern*
- *Große Seidenblüte*
- *2 Zweige Deko-Schierling*
- *Je 1 m Schleifenband in zwei Farben*
- *1 m Spitzenband*

Und so dekorieren Sie den Spiegel:

Hier habe ich die Seidenblüten passend zum Spiegelrahmen ausgesucht. Auch das Grün von Blättern und Schierling wiederholt sich. Alles wird nacheinander mit Draht gebunden und in Form gezupft.

BÄNDER FÜR TISCH UND WAND

Breite Schleifenbänder gibt es mittlerweile in einer großen Vielfalt uni oder gemustert. Sehr gut lassen sich auch unterschiedliche Breiten kombinieren. Wie daraus ein hübscher Tischschmuck oder eine Wanddekoration gezaubert wird, möchte ich Ihnen auf den folgenden Seiten zeigen.

Weihnachtlich dekoriertes Band

Material:

- *Schleifenband (Länge nach Bedarf)*
- *Messing-Motiv*
- *3 Erdnüsse*
- *3 Sternanis*
- *Golddraht*
- *Echtes Grün*
- *2 Zimtstangen*
- *4 Textil-Blüten*

Und so schmücken Sie das Band:

Ein weihnachtliches Band wird hinter den Kufen des Messingpferdchens festgeklebt. Das Ende können Sie dekorativ einschneiden. Erdnüsse und Sternanis hängen an Golddraht herab. Der kleine, echte Grünzweig, zwei Zimtstangen und einige Textilröschen verdecken die Klebestelle.

Tischband mit Früchten ...

Material:

- *50 cm gemustertes Band*
- *35 cm unifarbenes, in sich gestreiftes Band*
- *2 Deko-Blätter*
- *Deko-Traube mit Blättern*
- *2 Deko-Äpfelchen*
- *2 Seidenblüten*

Und so dekorieren Sie das Tischband:

Mit der Klebepistole werden sowohl die Bänder als auch alle Materialien festgeklebt. Gehen Sie dabei in der angegebenen Reihenfolge vor. Die Enden der Bänder habe ich schräg abgeschnitten.

... und Federvogel

Material:

- 50 cm unifarbenes, in sich gestreiftes Band
- Einige Textil-Blätter
- 28 cm breites Schleifenband
- 1 m schmales Schleifenband
- 2 Seidenblüten
- Einige Deko-Früchte
- Federvogel

Und so wird das Band dekoriert:

Hier wurden die Enden des Tischbandes spitz eingeschnitten. Blätter, Schleife, Bändchen, Blüten und Früchte habe ich in der Mitte plaziert. Ein lila Vogel sitzt ein wenig abseits, er wird ebenfalls mit Heißkleber befestigt. Vielleicht legen Sie einige Schneckenhäuschen dazu?

„KUGELIGES"

Eine Kugel wirkt nicht nur hängend, sondern auch liegend (z. B. in einer Silberschale) sehr hübsch.

Glaskugeln oder auch Terrakotta-Kugeln können Sie immer wieder – zur Jahreszeit passend – verändern.

Edel dekorierte Kugel

Material:

- *Styroporkugel*
- *Plattenmoos, imprägniert*
- *Golddraht*
- *Band-Reste*
- *Lorbeerblätter*
- *Schoten*
- *Sternanis*
- *Getrocknete Orangenschalen*
- *Plumosus, goldbesprüht*

Und so dekorieren Sie die Kugel:

Flaches, imprägniertes Plattenmoos wird mit Golddraht fest um eine Styroporkugel gewickelt. Reste von Schleifenbändern lassen sich ebenso „mit einwickeln" wie Lorbeerblätter, Schoten, Sternanis und getrocknete Orangenschalen. Plumosus habe ich vorher mit Goldfarbe besprüht.

Festliche Glaskugel

Material:

- *Mundgeblasene Glaskugel*
- *2 Seidenblüten*
- *Schachtelhalm*
- *Einige Stückchen Ingwer*
- *Seidenefeu-Blätter*
- *Trockenblümchen*
- *25 cm Band für die „Enden"*
- *Golddraht*
- *Band zum Aufhängen (Länge nach Bedarf)*

Und so dekorieren Sie die Glaskugel:

Die Farben der schimmernden Glaskugel wiederholen sich in den aufgeklebten Materialien. Das Schleifenband habe ich mehrfach mit Golddraht abgebunden, die Enden spitz eingeschnitten und dann mit Heißkleber über die Kugel gelegt. Das Band zum Aufhängen wurde direkt an der Öse der Glaskugel befestigt.

Schwimmkugel – einmal anders

Material:

- *Schwimmkugel*
- *Baumklimmer*
- *Eukalyptuszweige*
- *Papierblüte*
- *Verschiedene Trockenblümchen und/ oder Trockengräser*
- *Golddraht*
- *Goldspray*

Und so dekorieren Sie die Schwimmkugel:

Binden Sie Baumklimmer zu einem Strang, und legen Sie diesen auf eine Schwimmkugel. Alle Materialien liegen flach auf. Benutzen Sie auch hier eine Klebepistole.

Golddraht, zusammengedrückt und wieder lang auseinandergezogen, reicht von einem Baumklimmerende bis zum anderen. Geben Sie einen Hauch Goldspray über das fertige Teil.

KERZENLEUCHTER DEKORIEREN

Zu guter Letzt möchte ich Ihnen zeigen, wie Sie schnell und wirkungsvoll einen Kerzenleuchter schmücken können. Stimmen Sie die Materialien auf Form, Farbe und Stil des Leuchters ab.

Und so dekorieren Sie den Kerzenleuchter:

Baumklimmer, eine Kordel oder – wie hier – etwas Ginster habe ich an zwei Stellen mit Golddraht festgebunden.
Zum Dekorieren eignen sich kleine Früchte, Blüten, Blättchen, Muscheln ...